GLAMOURPUSS　고양이 가발의 매력

나는 낭만 고양이

줄리 잭슨 글　질 존슨 사진　박성주 옮김

해든아침

나는 낭만 고양이

ⓒ 줄리 잭슨, 질 존슨 2011

초판 1쇄 인쇄일 2011년 5월 20일
초판 1쇄 발행일 2011년 6월 2일

글쓴이 줄리 잭슨   사진 질 존슨   옮긴이 박성주
펴낸이 김지영   펴낸곳 작은책방
편집 김현주   디자인 박혜영
마케팅 김동준, 조명구   제작·관리 김동영, 신미혜

ISBN 978-89-5979-237-5 13490

• 책값은 뒤표지에 있습니다.
• 잘못된 책은 교환해 드립니다.
• 해든아침은 작은책방의 취미·실용 전문 브랜드입니다.

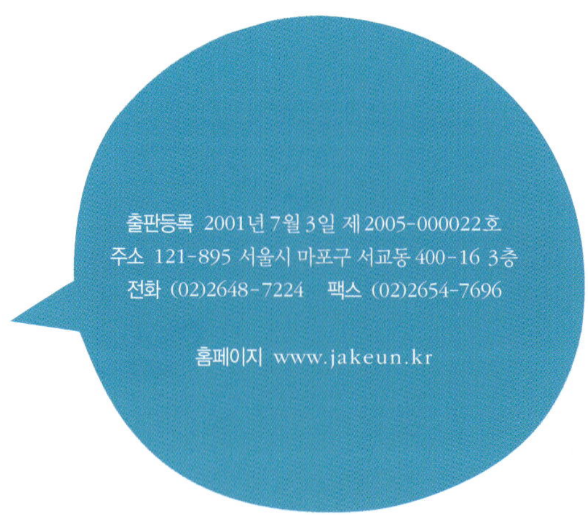

캐즈에게

FOREWORD

나는 항상 사람들이 반려 동물을 의인화해 온 것은 아주 오래 전부터 시작되었다고 생각해왔다. 열매를 따러 모인 선사시대의 여성들이 우연히 발견한 아기 사자가 너무 귀여운 나머지 엄마 사자 모르게 단풍잎으로 만든 옷을 입혀 주는 모습을 지금도 가끔 상상하곤 한다. 그녀들도 반려견에게 딸의 옷을 입히며 즐거워하는 나의 마음과 같았을 것이다. 매년 우리 가족이 함께 결정하는 중요한 사안 중 하나는 '척과 코코의 할로윈 코스튬 예산'이다. 이제까지 남들에게는 말하기 민망할 정도의 비용이 척과 코코의 옷에 들어갔다.

나는 우리 가족의 반려견인 척과 코코를 예쁘게 변장시켜 사진을 찍어왔고 시간이 흐르면서 척은 맥주병을 머리에 놓고 포즈를 취할 정도의 프로 모델이 되었다. 척과 코코는 촬영을 하며 다 함께 보내는 시간을 아주 좋아한다. 아마도 촬영 후 받는 맛있는 모델료 때문이 아닐까? 나와 아이들은 사진을 찍으며 즐거워하고, 블로그를 찾는 팬들은 머리에 아슬아슬하게 믹서기를 얻고 앉아 있는 개의 사진을 보면서 한바탕 웃을 수 있었다.

최근 척(수컷, 말라뮤트종)에게 고양이 가발을 씌우고 촬영을 하였다. 고양이 가발을 쓴 개라는 희한한 주제만큼이나 척의 큰 머리에 작은 고양이 가발을 씌우는 것부터가 쉽지 않았다. 그뿐만이랴, 척의 모습은 내 머릿속에 있던 매혹적인 팜므파탈 미녀 이미지보다는 감정기복이 심하고 자신만의 세계에 빠져 있는 소년에 더 가까웠다. 하지만 실망한 나와는 달리 팬들은 어떤 사진보다도 이 우스꽝스러운 사진에 열광했다. 이제 책장을 넘기면 당신도 내가 하는 말을 이해할 수 있을 것이다.

Dooce.com의 파워 블로거 **헤더 암스트롱**

홀리 골라이트리:

"나 어때요?"

폴 바잭:

"정말 아름다워요."

영화 「티파니에서 아침을」 중에서

잠시라도 고양이와 시간을 보내봤다면 그들의 작은 머릿속에는 놀라운 일들이 벌어지고 있다는 것을 알 것이다. 도대체 그들은 무슨 생각을 하는 것일까?

언뜻 보기에 고양이의 하루 일과는 특별한 것이 없다. 하지만 그들이 무엇을 하는지 자세히 관찰해 보라. 우리의 작은 친구들은 하루 18시간 동안 무엇을 할까? 잔다! 직업이 있는 것도 아니고, 그렇다고 집안일을 하는 것도 아니다. 대신 18시간이나 잠을 자는데도, 하루 종일 일하는 우리가 그들의 까다로운 요구를 다 들어주어야 하다니! 나는 늘 이것이 공평하지 않다고 생각해왔다.

게다가 우리의 배려에 고양이들이 만족하는지조차 알 수 없다. 가끔 감사의 표시라며 머리를 쓱 비비고 가고, 기쁨을 '꾹꾹이'로 나타내지만 직접적으로 이야기하지는 않는다.

그들의 오므라진 입술과 특유의 눈동자를 보면 이 영리한 녀석들이 충분히 말을 할 수 있다는 사실을 느낄 수 있다. 아마 그들은 라틴어를 완벽하게 구사할지도 모른다.

고양이들은 피곤해서가 아니라 하루의 일상에서 벗어나기 위해 잠을 잔다. 자면서 우리가 상상하지 못하는 엄청난 꿈을 꾼다.

우리는 쥐 모양의 장난감 몇 개를 던져 주고 고양이가 재미있게 놀기를 바라지만 그들은 이런 우리의 행동이 성에 차지 않는다. 그래서 고양이들이 하루 종일 잠을 자는 것은 아닐까?

그래서 생각해 낸 것이 고양이 가발 kitty wigs 이다. 고양이들의 숨겨진 열망과 인간의 상상력이 결합되어 탄생한 '고양이 가발 !'

'고양이 가발'은 그들의 마음을 조금이라도 이해할 수 있게 도와주는 매개체 역할을 한다. 우리의 친구들이 무슨 생각을 하고 있는지, 더 나아가 어떤 꿈을 꾸는지 알 수 있는 기회인 것이다.

우리 사회에는 이미 모욕적인 말들을 크게 프린트한 티셔

츠, 강아지를 위한 부츠, 고양이를 광대처럼 보이게 하는 방울 달린 목걸이 등등 희한한 것들이 많이 나와 있다. 하지만 고양이들에게 화려한 가발을 씌워 그들의 상상력을 표출할 수 있도록 해 주고, 그 모습을 사진에 담는 것이 훨씬 낫지 않을까? 우리 아이들의 사진은 절대로 우스꽝스럽지 않다.

'고양이 가발'은 단지 고양이의 성격을 겉으로 표현해 내기 위한 것만이 아니다. 그보다 그들의 사진을 찍으면서 함께 시간을 보내고 함께 꿈을 꿀 수 있었으면 하는 바람을 갖고 있다. '고양이 가발'은 당신의 반려묘가 지루한 현실을 떠나고 싶어 한다는 것을 이해하고 있고, 당신에게 정말 소중한 존재라는 것을 보여 줄 수 있는 기회를 제공한다. 게다가 심심한 고양이들에게 새로운 어드벤처를 선사하는 것이다.

촬영을 위해 각각의 고양이들에게 다른 가발을 씌어주면 그들이 예상보다 더 많은 감정을 표현한다는 것을 우리는 직접 경험했다. 고양이들은 평소 감추고 있던 내면의 캐릭터들을 사진기 앞에서는 그대로 드러냈다.

우리는 '고양이 가발'이 큰 트랜드가 될 거라고 믿는다. 언젠가는 두바이에서 덴버까지 전세계에 '고양이 가발' 부티크가 열릴 것을 믿는다.

매일 사진을 찍는 재미를 주는 '고양이 가발'은 당신과 반려묘의 관계를 한 단계 더 업그레이드 시켜줄 것이다.

크 게   생 각 하 라 !
'고 양 이   가 발'을   생 각 하 라 !

"사람들은 모델이 얼마나 힘든 직업인지 모른단 말이야.

하루 12시간 매일 저지방 라떼와 풍선 껌만 먹고 일한다고!"

"이 가발이 잘 어울리는 건 나도 알아!

하지만 나는 배가 고프다고!!

훗…… 내가 이 꽃잎 좀 뜯어 먹는다고 누가 알겠어?

아~ 연어 맛이 나는군.

살 좀 찌면 어때!"

Boone

"아 오늘은
정말 일이 안 풀리네!

가발도 삐뚤어졌잖아!
그래도 나 예쁘지?"

Fishstick
피쉬스틱

Orange Cat
오렌지 캣

"패션위크 기간의 파리는 정말 정신 사납다니까.

내년에는 그냥 편하게 집에서 잡지로 봐야겠어."

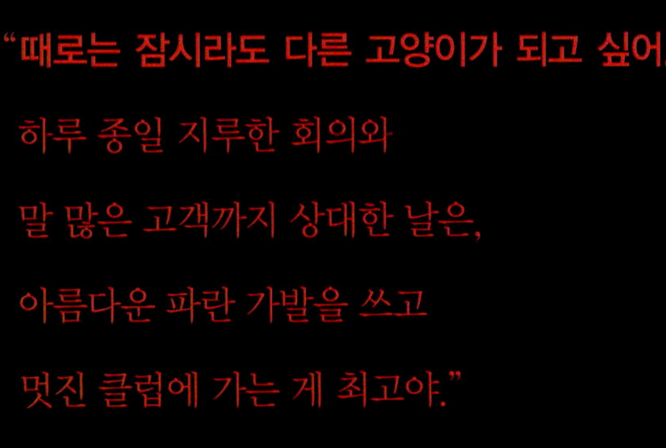
"때로는 잠시라도 다른 고양이가 되고 싶어.

하루 종일 지루한 회의와

말 많은 고객까지 상대한 날은,

아름다운 파란 가발을 쓰고

멋진 클럽에 가는 게 최고야."

Bacon
베이컨

PINK

"오늘의 스페셜 컬러는 핑크예요~ 그렇죠?

아 주 시 크 하 고 ,
아 주 샤 넬 스 럽 고 ,
아 주 아 름 답 죠 !

이렇게 야옹 살롱에서 릴렉스한 후에는
여신의 머릿결이 된답니다.

정 말 멋 지 죠 ~ ! ! "

Tugboat
터보트

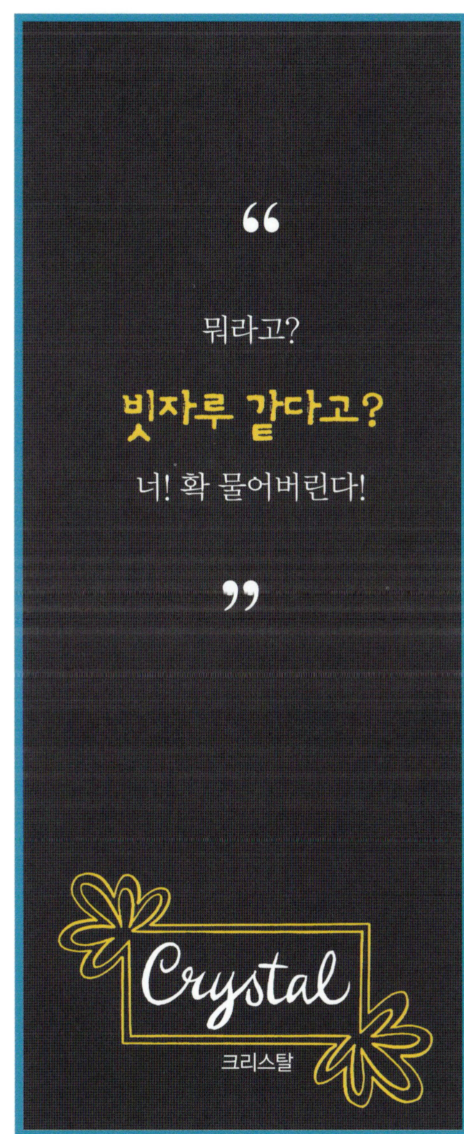
"

뭐라고?

빗자루 같다고?

너! 확 물어버린다!

"

Crystal
크리스탈

> "내 동안의 비결은
이 우아한 빨강 가발이야~
나의 트레이드마크지
항상 연하남을 만날 수 있게
해순다니까.
누가 뭐래도 내가 원조 쿠거라고~."

"페라리 사 주세요~!"

Boone
분

Chicken
치킨

"나는야
발가락으로

박자를 맞추고~

피아노를 치고~

재즈를 부르며~

생크림을 핥아 먹는~

쏘쿨~한 싱어냥!"

Fern 펀

"줄무늬 전용 '태비걸' 화장품 브랜드를 시작한 후로는 쉴 새 없이 전세계를 다니고 있어. 휴…… 두바이에서 이제 막 돌아왔는데 다시 아이슬랜드로 가야 해. 전세계 고양이들이 '태비걸'로 최고가 되고 싶어하는 걸 어쩌겠어. 화장품 말고도 자신감을 불어넣어 주는 건 고양이 가발밖에 없지! 이건 내가 애용하는 가지색이야. 이걸 쓰면 뭐든지 할 수 있다는 자신감이 생긴다니까~."

“어서 와~! 오늘도 힘들었지? 캣닢 칵테일 한 잔 어때?

내 섹시한 헤어스타일은 마음에 들어?”

미첼

"나는 정말 날씨 좋은
하와이에서 살 테야!
런던은 습도가 높아서
내 예쁜 헤어스타일이
늘 망가진단 말이야!"

Hercules
헤라클레스

BiBi
비비
"나는 방랑생활을 할 때도
꼭 가빌은 잔뜩 챙겨!
경찰들을 따돌려야 하거든~
뭐 굳이 말하자면
그렇다는 거지."

"아가야, 아가야,
  너 어디 갔다 왔니?

 여왕님 보려고
 런던에 다녀왔지.

 아가야, 아가야,
  너 거기서 뭐 했니?

 여왕님 의자 밑에 있는
 새앙쥐를 놀래켜 줬지."

"나는 푸른 잔디를 맘껏 뜯을 수 있는

야외 콘서트가 너무 좋아!

맥주 냄새를 없애 주거든!"

끄~억~

"와우~
이거 효과 짱인데!
느낌이 팍팍 와.
묘생사 괴로울 땐
역시 이게 최고야!"
Earl
얼

Dr. 행복전도사

“금발은 내 눈동자를 더 돋보이게 해.

피부도 건강하게 보이고~

그런 거 같지 않아?

이제 비행기표, 비키니,

그리고 스웨덴 액센트만 있으면 준비 끝!”

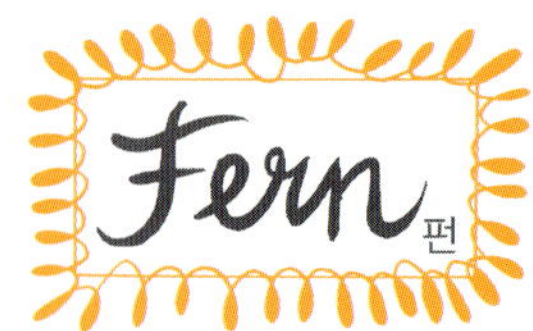

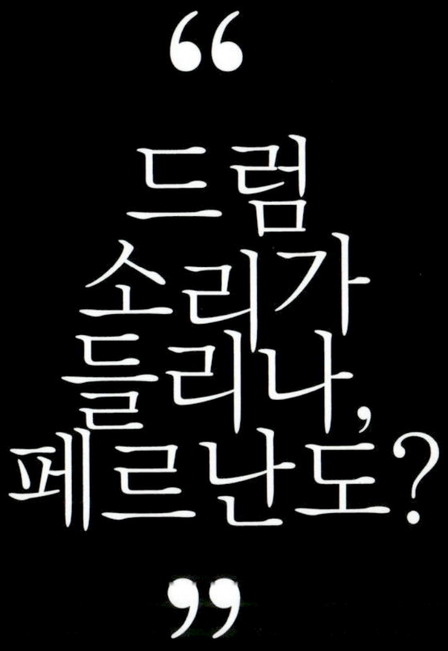
"
드럼
소리가
들리나,
페르난도?
"

Abba의 노래 〈Fernando〉 1976년

Boone 분

Matteo 매튜

"뭐 정 내 수업이
듣고 싶다면……
12시 30분 파워레인저 반에
빈자리가 있지? 아마?"

Mona
모나

"오, 헤이! 왓쓰업~
내 가발? 이건 빈티지 스타일이야.
니코랑 언더그라운드와 같이 암스테르담 갔을 때 구입한 거지.
'팩토리'에서 영화를 제작하고 비바와 옷을 바꾸어 입던 생각이 나는걸.
아직도 엊그제 같은데……"

"여왕으로 지낸 날은 길지 않았어요. 밤은 너무 많았지요."

영화 「클레오파트라」 1963년

"나도 안다고!

이케아샵이 새로 오픈하고 나서는
중독되어 버렸다니까!

이케아에 고양이 침대가 있을 줄 누가 알았겠냐고!!

아~ 마치 스웨덴 고양이가 된 거 같아!"

“오! 경찰관님 저는 그저 놀고 있었을 뿐이에요……

목걸이와 이름표는 집에 두고 온 것 같은데, 못 믿으시겠으면 엄마한테 전화해 보세요!

내가 여기 있는 거 아세요.

이거요? 이건 레몬에이드인데요.

저 새요? 쟤는 내가 왔을 때부터 죽어 있었어요.

뭐리고요?? 머리 좀 어떻게 히라고요??

저기요! 이것은 가발이거든요!

아 참, 자연 좀 감상하려고 했더니 판 다 깨졌네!”

Flash
플래쉬

"나는 뭐든 한 번은 꼭 해볼 거야.
좋은 건 두 번씩 하고!

하지만 이 빨간 가발은
벗지 않을 테야!

덕분에 얼마나 많은 관심을 받고 있다고~

타투도 하나 더 할까 봐.
내가 뉴욕 맨해튼 출신이라는 걸
모두 알 필요는 없잖아?

Apollo
아폴로

정숙한 아가씨가
주말 오후 함께 영화를 보고,
야식도 즐길 차도남을 찾습니다.

절대 수상한 고양이 아니에요 !

그레이비

"하버드대 교수
같지 않아?"

"님하,
당신을 위로해 주고
싶기는 한데
난 차 끓이는
방법을 모르는걸."

"그래요!
이거 캣닢 케이크 맞아요.

근데요,
제발 파티 시작 전에는
부비작대지 않기로 약속해요!"

"에휴~
언제까지 난 이런 생일 파티에
장단 맞춰줘야 하는 걸까?
그냥 나 좀 자게 놔두면 안 돼?!"

Skittles
스키틀즈

“휴……
아무 쓸모 없는 남자가
가게에 올 때마다 동전을 모았더라면
나는 지금쯤 부자가 되어 있을 거야!
이봐, 커피 좀 더 줄까?
앗, 포크 내려놓지 마.
아직 파이를 안 먹었잖아.”

Mona
모나

> ## 천진난만이 바로
> ## 내 이름이야!
> ## 진짜로!
>
> 낙천적인 우리 엄마 아빠가
> 그렇게 지었어.
>
> 내가 설마 너한테 거짓말 하겠어?

로미오

"여러분! 집중해 주세요!
지금 당신에게
전해지는 에너지는
저에게서 나오는 거랍니다."
Boone 분

"가늘게 뜬 눈,
날리는 머리,
누구도 날 건드릴 수 없어.
난 오늘 삐뚤어질 테다!"

아폴로

에구야, 들켜버렸네!
손뜨개에 대한
넘쳐나는 열정을
감출 수 없어서 말야.
혹시 알아
내가 대단한 걸 만들지.
난장판 말 고~

Romeo

로미오

"
나는 강하다,
나는 무적이다,

나는
고양이다!!!

야~~~옹~!

"

Red 레드

“네에~ 분위기 좀 바꿔 볼까요?
다음은 당신을 위한 스페셜,
사랑 노래로 이어가겠습니다.”

"카나리아?
어디? 내 입 속에?
감히 어따 대고
그런 망언을!"

“ 내 가발
고르는 건
쉬웠어.
너무 요란한 거 말고,
비싼 것도 패스,
단지
내 발과
한 쌍일 것!

어때?
내가 이 댄스파티
주인공 같지? ”

“헤이~!
네가 어떻게 생각하든
내 알 바 아니거든.
내 머리니까
내 멋대로 할 거거든.
이 머리는 안 감아도
그대로 유지된다고!
놀랍지?
그런데 넌
대체 뭐가
웃긴 거야?!”

보기

"「말괄량이 길들이기」 주인공을 따내서 얼마나 기쁜지 몰라!
어때? 엘리자베스 테일러처럼 보여? 나 멋지지?"

저는 미스 월드 키티캣이
되고 싶습니다.

여행을 즐기고
기아 구제에 헌신하는 것이
꿈이기 때문입니다.

제가 가장 좋아하는
컬러는 핑크색이고,

미스 월드 키티캣이 된다면
세계 평화를 위해 노력하겠습니다.

Rooster
루스터

"이 파티는 너무 유치찬란해!
내 수준을 뭘로 보고~

손발이 오그라들 거 같아."

Skittles
스키틀즈

"너 꼬맹이! 내가 계속 지켜보고 있어.

부모님께 네가 얼마나 말썽을 부렸는지 이를 거야.

또…… 쿨쿨쿠우울~~~"

기면증 보모냥—

"나는야 모노레일 삐삐 고양이!
옆으로 뻗은 말총머리,
언제나 신이 난 천하무적.

와아~ 앗, 가발을 거꾸로 쓴 거야?

어쩐지 머리가 빙글빙글 돈다 했어~."

BiBi 비비

“끝내 주는 가발을 쓴 쿨한 고양이 !
이 컬러는 내 눈을 더 돋보이게 하지!
쥐들이 마지막으로
보는 것도 내 눈이지!'

니 내한테 반했나?”

Mitchell
미첼

"리브 타일러가
반지의 제왕 아르웬 역을
맡았다는 게 말이 되니?!

그 역할은 나 그레이비 거였단 말이야!

내 꺼야! 내 꺼, 내 꺼~."

"라라라라라아~
뭐라고?
안 들려~."

Bogie
보기

"당신 알아?
난 에미상을 두 번이나
수상할 뻔한 고양이라구!
그러니까 이번에는
좀 제대로 찍고 끝내자고!"

모델들을 소개합니다.

베이컨 베이컨의 엄마 캐즈는 그가 세상에서 가장 유명한 '바bar 고양이'라고 주장합니다. 달라스에 위치한 '리 하비스' 바에서(이곳에는 베이컨-고양이가 아니랍니다라는 메뉴가 있답니다) 베이컨을 찾을 수 없다면 아마도 고양이 캔을 먹고 있거나, 낮잠을 자거나, 스프링클러 사이를 뛰어 다니거나, 가발 촬영을 하고 있을 거예요. 베이컨이 가장 좋아하는 노래는 토킹헤즈의 〈여자친구가 더 좋아Girlfriend is Better〉입니다~

아폴로 사교성이 뛰어난 아폴로는 가발을 쓰면 종종 영국의 락 뮤지션 '데이비드 보위'로 오해받기도 합니다. 아폴로는 사람과 동물들을 아주 좋아하는데요, 한 번은 너구리와 함께 저녁을 먹는 모습이 포착되기도 했어요. 아폴로의 부모는 왕자님 같은 외모를 뽐내는 그가 투탕카멘 왕이 아끼던 애완 표범의 후손이라고 굳게 믿고 있습니다.

비비 비비는 우아하고 도도한 숙녀입니다. 세상이 제것인 양 의기양양하게 돌아다니죠. 관심 받기를 좋아하는 비비의 꿈은 모델입니다. 그녀의 취미는 엄마의 화장품을 가지고 노는 거예요. 가끔은 파우더를 다 쏟아서 난장판을 만들기도 하지만, 가족을 앞발에 꽉 쥐고 사는 공주님이랍니다~.

Bogie

보기　쉿! 이건 비밀인데요, 보기의 단짝친구는 몸무게가 40kg이나 나가는 '래브라도 리트리버'래요. 손님을 좋아하는 보기는 초인종만 울리면 문으로 뛰어 나가죠(다행히도(?) 보기가 전화는 받지 못한답니다). 이제 겨우 세 살인 그는 언제나 손님들에게 친절하고 매력적인 집주인입니다.

Chicken

치킨　치킨은 여동생 루스터와 함께 폐가에서 구조되었어요. 치킨은 아침에 '그레이구스 보드카 샷'을 즐기고, 흙 위에서 뒹굴뒹굴 구르는 것을 좋아하죠. 그 후 아빠처럼 거울 앞에서 몇 시간이고 외모를 가꾼답니다. 아주 독특한 취향을 가진 그는 세상에서 변기의 물이 가장 맛있다고 생각하고, 마이클 잭슨의 '네버랜드 목장'에서 휴가 보내는 것을 좋아해요.

Boone

분　분이 가장 좋아하는 자리는 엄마 줄리와 키보드 사이로, 거기에 누워 꼬리로 열심히 자판을 두드리죠. 뭔가에 집중하려고 하면 기절하는 '기면증 고양이' 분은 이미 인터넷 스타입니다. 분은 트리플 크림치즈를 즐겨 먹고, 삼바 음악과 발리우드 OST를 즐겨 듣는답니다.

Crystal

크리스탈　파티걸로 알려져 있는 크리스탈은 고양이판 「티파니에서 아침을」의 주인공으로 적역입니다. 레트로 스타일을 좋아하는 크리스탈은 아빠의 40～50년대 스윙 음악을 즐겨 듣습니다. 햇빛을 쬐며 휴식을 즐기고 있지 않을 때는 이웃을 관찰하거나 길 건너 친구들에게 놀러 간답니다.

Earl

얼　2000년 여름에 있었던 추락사고에서 살아남은 얼은 근심걱정을 던져버리고, 내면에 숨겨 놓았던 디바의 모습을 과감히 표현하기로 마음먹었어요. 그후 얼은 페큐리어 맥주에 푹 빠져 있습니다. 혹시 이것은 고양이들을 위한 마약이 아닐까요? 볼티모어, 브룩클린, 마라케시, 타이페이, 두바이에서도 살았던 얼은 지금 달라스에 있지만 곧 사우스포크로 갈 예정입니다.

Fishstick

피쉬스틱　매력적인 삼색 고양이인 피쉬스틱은 발로 서류들을 모은 뒤 그 위에 서 있다가 곧 흥미를 잃고 사라져 버린답니다. 또한 새벽 4시에 인터넷을 돌아다니며 남들이 안 보는 것들을 지켜보는 게 취미입니다. 그녀가 '나 좀 봐봐봐!' 게임을 하지 않을 때에는 〈사우스 아메리칸 웨이 South American Way〉에 맞추어 스텝을 밟고 있을 거예요.

Fern

펀　달라스 동쪽의 한 골목에서 태어나 어느 날 엄마의 현관에 나타난 펀이랍니다. 3kg의 호리호리한 몸매를 자랑하며 카랑카랑한 목소리와 성인 남자도 울게 만드는 강력한 깨물기 능력을 가지고 있어요. 그녀는 트리하우스, 플라넬 담요와 강아지용 침대를 좋아하고, 애창곡은 시카고의 〈공원에서의 토요일 Saturday in the Park〉이라고 하네요~

Flash

플래쉬　플래쉬는 메인주 락랜드 길가에 버려져 있던 박스에서 동생과 함께 구조되었습니다. 플래쉬의 취미는 물건 줍기, 사람들과 껴안기랍니다. 또한 트리 하우스와 수분이 많은 음식을 좋아하고, 다람쥐 쫓기를 즐긴답니다. 플래쉬의 애창곡은 앤 머레이의 〈스노우버드 Snowbird〉입니다.

Gravy

그레이비　섹시하고 다재다능하며 벌써 보그지 패션 촬영도 한, 천칭자리 그레이비는 해변에서의 조깅을 좋아하고, 골드피쉬를 즐겨 먹어요. 당연히 과자 골드피쉬죠! 그리고 마사지 기술을 연마하기 위해 노력하고 있답니다. 매혹적인 에메랄드 빛 눈을 가진 그레이비는 진정한 플레이보이입니다. 말은 또 얼마나 잘 하는지, 안 넘어가는 아가씨가 없다니까요~. 이 매력적인 플레이보이가 즐겨 듣는 노래는 오제이스의 〈러브 트레인Love Train〉이에요.

Lyla

라일라　말괄량이 라일라는 오빠 샘을 귀찮게 하는 게 취미입니다. 라일라는 눈에 보이는. 모든 장난감을 갖고 싶어하고, 고양이 이동침대에서 자는 것을 좋아한답니다. 그러나 노는 시간도 부족하다고 생각하는 라일라이니 잠을 잘 틈이 없죠~. 라일라가 가장 좋아하는 밴드는 '블랙타이다이너스티'이고, 가장 좋아하는 사진작가는 질 존슨이랍니다. 끝없는 관심을 요구하는 라일라는 천상 공주님이라니까요~.

Hercules

헤라클래스　멕시칸 레스토랑 주차장에서 발견된, 길 고양이 출신 헤라클래스는 모든 사람에게 행복을 전달해주는 털북숭이랍니다. 주목받기를 좋아하는 헤라클래스는 스스로 화장실 사용법을 배웠답니다. 이건 비밀인데요, 헤라클래스는 사람들이 화장실 앞에서 기다리게 만드는 것을 즐긴답니다.

Matteo

마테오　쏘쿨~한 마테오는 흰 살코기를 즐겨 먹는답니다. 특히 칠면조 고기라면 더할 나위 없죠~. 절대로 흥분하는 법이 없는 마테오는 오후가 되면 영화를 보거나 안락한 소파에 누워 있는 것을 가장 좋아합니다. 쏘쿨 마테오는 손님들에게도 아주 친절하고 절대 불평하는 일이 없답니다.

Mitchell

미첼　8kg의 몸무게가 나가는 여덟 살 미첼은 자신감이 충만한 고양이랍니다. 밥 말리의 노래를 즐겨 듣고, 동생 매기를 괴롭히는 것이 취미이며 모든 음식을 좋아하고 디저트는 꼭 빼먹지 않고 챙겨 먹지요. '날아서 잡기' 고수이고, 생각할 것이 있을 때는 뒷마당 그늘로 간답니다.

Orange Cat

오렌지 캣　이름대로 오렌지색 고양이인 오렌지 캣은 맛있는 간식이 있는지 이웃집에 자주 놀러갑니다. 열다섯 살이나 된 오렌지 캣은 아직도 자기가 개라고 생각한대요. 그래서 휘파람을 불면 쏜살같이 달려오고, 머리 쓰다듬어 주는 것을 좋아한답니다.

Mona

모나　스페인어로 원숭이라는 뜻을 가진 모나는 고도의 유연성 덕분에 나무 위에 올라가 3일 후에야 구조된 적도 있습니다. 플라맹고를 좋아하는 모나는 쿠바의 수도 하바나에서 며칠을 지냈으면 한답니다. 가장 좋아하는 구운 치킨과 당근을 먹고 쿠바 리브레 칵테일을 마시면서요.

Red

레드　레드는 아직 술을 마실 수 있는 나이가 아니지만, 칵테일을 발견하면 홀짝거린답니다. 그는 친구들이랑 지붕 위에서 잘 놀고, 육즙이 있는 다진 고기를 좋아합니다. 레드는 부르스 스프링스틴의 〈본 투 런 Born to Run〉을 즐겨 듣는다고 해요.

Romeo

로미오   로미오는 종종 사람들에게 다가가 그들 몸에 발을 올려놓거나 포옹을 해주기도 합니다. 이름처럼 로맨틱한 남자죠? 기운이 넘쳐 노는 것을 좋아하고, 모든 것을 게임으로 생각하는 개구쟁이예요. 뇌성마비가 있는 새끼 고양이 로미오는 깜짝 놀라면 유명한 몽구스 '리키티키타비'처럼 온 집안을 뛰어다닌답니다.

Sam

샘   낙천적인 샘은 엄마를 사랑하는 만큼이나 밖에서 보내는 시간을 좋아합니다. 2007년 크리스마스 이브에 입양되면서 샘의 팔자는 폈지요. 이건 비밀인데, 샘이 가장 소중하게 생각하는 장난감은 '블루'라고 해요. 아마 누가 그걸 건드리면 샘이 정말 화 낼 거예요.

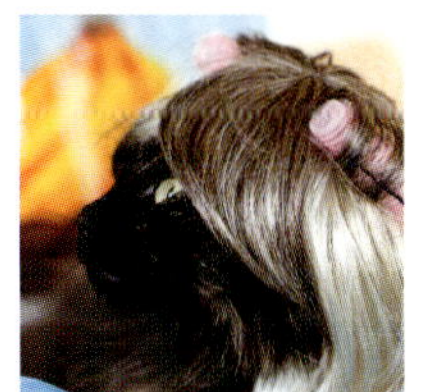

Rooster

루스터   오빠 치킨과 함께 구조된 루스터는 오빠가 불량배라고 생각해요. 그녀는 아침에 커피 프림 먹는 것을 좋아하고, 발 사이의 길고 윤기 있는 털을 자랑하며 다닌답니다. 취미는 개처럼 변장하여 개 친구 럭스, 치치와 함께 산책하는 것, 애창곡은 루스터의 영웅 돌리 파튼이 부른 〈투 도어스 다운Two Doors Down〉이랍니다.

Shaft

샤프트   잘생긴 샤프트(존 샤프트)는 식료품점 주차장에서 구조되었습니다. 매너 좋은 샤프트이지만 사실 그는 나쁜 남자랍니다.
"조용히 해!"

Skittles

스키틀즈　삼색 고양이 스키틀즈는 보호소에서 구조되어 지금은 개, 고양이, 도마뱀들과 함께 살고 있습니다. 개와 함께 사는 스키틀즈는 자신이 개라고 굳게 믿고 있어요. 개 사료를 먹고, 개처럼 짖어 주인을 착각하게 만든답니다.

Tugboat

터그보트　터그보트의 꿈은 세계 최초의 리듬체조 금메달리스트 고양이가 되는 것입니다. 2012년 출전을 목표로 열심히 준비하고 있어요. 플라잉 피시놀이를 좋아하고, 공중제비와 착지를 우아하게 할 줄 아는 터그보트는 리듬체조선수가 딱입니다. 베시 스미스를 좋아하는 그녀의 애창곡은 〈족발과 맥주 한 병 주세요 Give Me a Pigfoot and a Bottle of Beer〉랍니다.

줄리의 감사의 말

이 책을 만들 수 있는 기회를 준 크로니클 출판사의 케이트 우드로우, 크리스티나 로프, 앤드류 샤피로, 곁에서 인내심 깊게 도와준 에이전트 사라 소킷, 갑자기 등장하여 이 놀라운 사진들을 찍어준 질 존슨, 정신을 잃지 않게 다독여 주고 맛있는 칵테일을 만들어준 크리스 잭슨, 기력이 다 했을 때 나를 웃겨 주었던 스티치 맥얀 팬츠, 서문을 써주고 팬들을 위해 척의 웃긴 사진들을 매일 올리는 dooce.com의 헤더 암스트롱에게 감사의 말을 전한다.

앨리슨과 제시카, 너희 사랑과 격려가 없었더라면 이 책은 존재하지 않았을 거야.

누구보다 동물을 사랑하는, 지난 20년간 변함없는 친구로 있어준 캐즈, 고양이들을 예쁘게 꾸며 준 웬디와 샤론, 질의 속눈썹을 붙여 준 에이미, 재치 있는 고양이 하이쿠(시)를 써 준 L. K. 피터슨, 고양이 가발 사진을 공유해 준 모든 팬들과 고양이 가발 독자들에게 감사드린다. 여러분이 최고입니다!

이 책이 나오기도 전에 열광적인 반응을 보였던 Cute Overload의 멕, 스테이시와 요시, 헤더, 데릭, 치에카, 버그, 스푸, 밀라, 데이지, 베어, 엘렌조, 플로이드, 이반 & 헤리슨, 짐, 제스퍼, 츄이, 몰리와 그녀의 장난꾸러기들, 끝없는 사랑과 격려를 해 준 내 가족들과 친구들에게 감사의 마음을 전한다.

며칠이나 차를 몰고 본을 데려온 사이돈, 수년간 나의 삶을 환하게 밝혀 준 동물들: 샘, 타이거, 첼시, 무명의 밥, 벤, 미스 키티, 팁 & 트릭시, 넬, 바질, 오델로, 게이 & 러스티, 본, 작은 잭슨, 티토에게 감사한다.

질의 감사의 말

신뢰, 긍정적인 자세, 너그러움을 가진 다이아몬드처럼 빛나는 줄리 잭슨, 크로니클 출판사의 케이트 우드로우, 재능이 넘치는 사라 소킷. 당신들은 정말 대단해요!

귀중한 시간을 내서 책에 대해 조언해 준 제프 건과 짐 도노반, 고양이들을 너무나도 잘 돌보아준 키즈, 열정적인 캣 스타일리스트 웬디와 샤논, 토니, 끝내주는 블러디 메리를 만들 줄 아는 크리스 잭슨, "내 빨강 쪼리 못 봤나요?", 고양이 쇼의 보조일을 담당하는 내 단짝친구 사라 클레인, "너와의 시간들은 모두 소중한 추억이야!", 치킨을 위해 분홍색과 파란색이 섞인 가발을 보내주고 촬영 아이디어를 준 앨리, 통제 불가능했던 밤에 우리의 사진을 찍어주고 나를 차에 태우고 다녔던 에이미에게 감사한다.

사랑스런 나의 가족, 브라이언, 럭스, 치치, 루스터, 그리고 우리와 즐거운 세월을 보낸 후 2008년 하늘나라로 간 치킨. 우리는 지금도 아름답고 고상했던 너를 그리워한단다.

언제나 힘이 되어주는 엄마, 영원히 사랑해요. 내가 하는 일이 우스꽝스럽고, 이상해도 한결같은 믿음 감사드립니다. 또 나를 사랑해주고, 나의 특이함을 잘 받아준 가족들: 아빠, J.B., 에쉬, 매트, 커티스, 앤드류, 젠, 그리고 내 인생의 빛이 되어준 나나, 모든 동물들을 사랑스럽게 표현해 준 베티 존슨에게 감사의 마음을 전한다.

마지막으로 고양이와 개를 구조하고 사랑하는 세계 모든 동물애호가에게 진심으로 감사의 말을 전하고 싶다.

줄리와 질의 감사의 말

이 특별한 순간을 담을 수 있도록 시간을 내준 고양이의 부모들: 카리, 낸시, 카즈, 웬디&샤논, 아디나, 카라, 앨리슨, 짐, 스테파니, 애슐리, 앤, 킴, 브렌다, 리앤, 콜린, B. Z., 조 두포에게 감사하다.

고양이 가발의 취지를 가장 잘 보여준 치킨에게 이 책을 바친다. 책이 출간되기 전에 우리의 곁을 떠났지만, 그는 큰 선물을 남겨 주었다.

"편히 잠들어, 치킨. 늘 고양이 날개를 달고 있기를 바라."

줄리 잭슨 Julie Jackson '고양이 가발'을 처음 만든 줄리 잭슨은 특별한 고양이들을 위한 고급 가발을 판매하는 www.kittywigs.com 웹사이트를 운영하고 있다. 줄리의 '고양이 가발'은 일본 하퍼스 바자, 코스모걸의 패션화보에도 등장하였고, 비즈니스 위크, CNN 앤더슨 쿠퍼의 360도, BBC 그램 노튼에도 소개되었다. 또 예쁜 십자수에 신랄한 문구를 수놓아 판매하는 Subversive Cross Stitch도 운영하고 있다.

질 존슨 Jill Johnson 인물사진과 보도사진을 전문으로 찍은 프리랜서 사진작가이다. 텍사스 출신의 이 모험가는 모든 동물을 사랑한다. 남편과 동물 가족들: 럭스, 치치, 루스터와 함께 살고 있는 그녀의 다른 사진들은 www.jilljohnsonphoto.com에서 확인할 수 있다.

옮긴이 **박성주** 광운대학교 국제법무학과를 졸업하고, BC에이전시에서 외국의 좋은 책을 한국에 소개하는 저작권 에이전트로 활동하고 있다.

'고양이 가발' 사이트, kittywigs.com을 방문한다면 백스테이지 사진, 사진작가의 말, 예쁜 고양이 사진 찍는 방법, 최신 소식들, 그리고 당연히 예쁜 고양이 가발들을 볼 수 있다.